Les mathématiques – 1

Joseph Furnari

CALCUL

SANS LIMITES

ISBN   978-1-4452-2201-1

Presse/Distribution fournie par:

Lulu Enterprises, Inc.
3131 RDU Center Dr., Ste. 210
Morrisville, NC 27560
USA
www.lulu.com
www.lulu.com/fr
www.lulu.com/it

Livre catalogué à la page du web
http://stores.lulu.com/giuseppefurnari,
où il peut être commenté.
Imprimé et distribué par lulu.com.

à mes filles

Madeleine et Marthe

CALCUL SANS LIMITES

CALCUL
SANS LIMITES

L es "parties infinitésimales" dont prend le nom le calcul infinitésimal c'est-à-dire *"le calcul"*, furent effleurés par les anciens Grecs qu'ils ne réussirent jamais à les maîtriser complètement et peut-être non plus à les comprendre du tout, avec leur se limiter aux constructions avec règle et compas et aux entités finies, et avec leur possession insuffisante du critère du continuum.

Si les pythagoriciens et puis Aristote (384-322 av.J.C.) ils décrivaient le point pythagoricien comme **unité douée de position dans l'espace**, en anticipant idées "cartésiennes", Zénon réagissait en qualité de philosophe avec ses raisonnements paradoxaux de fort goût métaphysique.

Archimède (287-212 av.J.C.), avec sa méthode d'exhaustion, il joignit pratiquement à anticiper le calcul intégral, comme dans sa quadrature du segment parabolique ou dans le volume du segment d'ellipsoïde ou de paraboloïde. Les procédés ne pas finis étaient désapprouvés par les Grecs, et pour ce aussi le génial Archimède n'atteignit pas l'idée de la **limite** d'une fonction, aussi en joignant si près: plutôt il utilisa des démonstrations avec une double **reductio ad absurdum**.

Il joignit à calculer la surface et le volume de la sphère aussi, après une série de théorèmes entre lequel un équivalait à **intégrer la fonction sinus**.

Apollonios de Perge dans les siennes Coniques emploie **lignes de référence droites** comme le diamètre d'une conique et la tangente à son bout, et sur elles il mesure les distances. Cela équivaut à une *géométrie analytique* rudimentaire certainement, qu'il anticipe de 18 siècles cette cartésienne. En outre, il formule quelques équations de courbes, quand bien même seulement par expressions verbales; mais il manque en effets un système de coordonnées préexistantes: elles sont superposés aux courbes différentes pour en améliorer l'étude.

Après avoir atteint résultats si élevés, pour les mathématiques et la science grecque il joint le déclin et l'obscurité. Pour les Chrétiens - qui pour s'opposer à la culture païenne ils mettaient en ridicules mathématiques, astronomie et physique - il était interdit se contaminer avec la culture grecque; à peine ils purent, ils brûlèrent non seulement la dernière grande récolte d'oeuvres grecques, 300.000 manuscrits, mais ils agirent à la même manière pour tout l'empire en attachant et en assassinant les païens: la mathématique de réputation *Hypatie* (370 - mars 415, après J.C.) fut massacrée dans les rues d'Alexandrie.

Et en 529 aussi dans l'empire Romain de l'Orient toutes les écoles grecques furent fermées, à partir de l'Académie et des écoles philosophiques d'Athènes.

Le coup fatal fut donné par la conquête de l'Egypte de la part des Musulmans d'Omar qu'ils tenaient en compte un livre seul, le Coran: les bains d'Alexandrie furent chauffés en brûlant rouleaux de parchemin pour plus de six mois.

Seulement après un millénaire les mathématiques et les sciences alexandrines ont pu refleurir, et seul grâce à le se répandre des oeuvres anciennes redécouvertes en quelque traduction latine ou retraduites par interprétations arabes.

Après les contacts avec la culture grecque à la suite des croisades, il y avait un grand intérêt et différents spécialistes ils furent financés par princes et ecclésiastiques pour rechercher les oeuvres les plus importantes en Sicile, Afrique du Nord, Espagne, Moyen-Orient. Après, en outre, la Sicile et Tolède furent enlevées aux Arabes.

Léonard de Pise (1170-1250), connu comme Fibonacci, mathématicien digne d'attention en Europe, avait appris l'arithmétique dans l'Afrique du Nord.

Ensuite dans la Renaissance l'algèbre eut une impulsion considérable et cela favorisa la géométrie analytique de l'âge moderne, pendant que, par exemple, Apollonios était alourdi de l'algèbre toute géométrique de l'âge classique.

Les Grecs ne conçurent pas une définition appropriée pour la tangente à une courbe en un de ses points; au plus la droite pour tel point était disposée de manière qu'il ne fût pas possible d'en tracer d'autres parmi elle et la courbe dont il s'agit.

Mais aussi sur les tangentes et les normaux aux coniques Apollonios il donna différents théorèmes, sous forme de théorèmes de maximums et minimums. Certainement ces études favorisèrent ceux-là sur les trajectoires des planètes en les *Principia* de Newton; la Gravitation Universelle naissait.

L'annus mirabilis de Newton fut le 1666: avec la démonstration du *théorème du binôme*, sa *théorie de la couleur* qui opposa à celle de Goethe, l'invention du *calcul infinitésimal* dont la priorité disputa longuement avec du Leibniz.

LE CALCUL INFINITÉSIMAL

L e calcul infinitésimal se compose de deux parties importantes, les deux dûes soit au Newton qu'à le Leibniz: la dérivation et l'intégration. Dans la dérivation rentre le concept de limite d'une fonction, successivement introduit, qu'il a permis de mieux gouverner les controversées parties infinitésimales.

Le problème le plus classique qu'il a donné impulsion à l'invention du calcul infinitésimal il a été ce des tangentes à une courbe auquel est équivalent celui-là de la détermination de la vitesse instantanée d'un point en mouvement.

Naturellement l'on fait usage constant des coordonnées cartésiennes et de la description algébrique d'une courbe $y = f(x)$, sur le plan cartésien.

Dans la figure suivante est représentée la recherche typique de la tangente à une courbe dans son point A voit comme une de ses cordes AB quand le point B se rapproche de plus en plus au point A.

Le point B" se distingue du point A par deux "accroissements" Δx et Δy, parallèles aux axes cartésiens, qu'ils doivent tendre au zéro en se transformant dans les infinitésimaux dx et dy.

En admettant qu'il soit $m_\alpha = \tan(\alpha)$ le coefficient directeur ou la pente de la droite tangente cherchée, pour la sécante nous aurons

$$m_{\beta"} = \tan(\beta") = \Delta y/\Delta x = [f(z+h)-f(z)]/h.$$

Cela est nommé taux d'accroissement, et à la fin, quand la sécante devient tangente, nous obtiendrons

$$m_\alpha = \tan(\alpha) = dy/dx = f'(x).$$

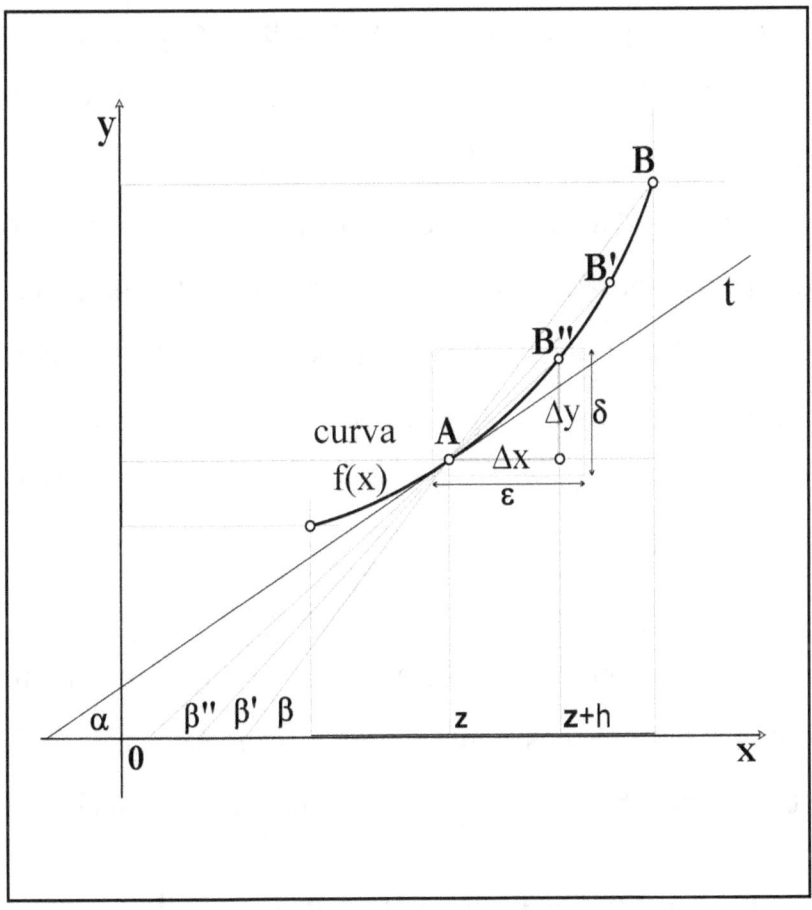

Illustration 1 – Taux d'accroissement:
à la limite la sécante se superpose à la tangente

Cependant les infinitésimaux dx et dy, introduits par Leibniz, ils résultent être des entités indéterminables et pratiquement incontrôlables, parce qu'ils ne peuvent pas valoir zéro, autrement le rapport **dy/dx = 0/0** il n'aurait pas quelques-uns valeur définie, et ils ne peuvent pas être différents de zéro, autrement la sécante ne peut pas s'identifier avec la tangente.

Exactement de ce type fut la critique qui l'évêque et philosophe Berkeley il formula contre les partisans du calcul infinitésimal, qu'il fonctionnait d'autre part parfaitement autant que mystérieusement. Berkeley les appelait "quantité évanescentes" et ses critiques étaient fondées.

Si puis l'on passe à un exemple pratique de calcul, comme dans le cas dans lequel la fonction qui représente la courbe soit $y = f(x) = x^2$, nous aurons aisément

$$m_\alpha = \tan(\alpha) = \ dy/dx = [(z + dx)^2 - z^2]/dx =$$
$$= (z^2 + 2\ zdx + dx^2 - z^2)/dx =$$

$$= (2z + dx)dx/dx = 2z + dx$$

et à ce point on élimine le **dx** en le considérant, précisément, une partie infinitésimale, qui tend à devenir **dx = 0**. Cependant seul après avoir "simplifié" le rapport **dx/dx** en le considérant toujour égale à un et jamais qu'il tend à **dx/dx = 0/0** !

Nous obtenons ainsi le coefficient directeur

$$\mathbf{m_\alpha = \tan(\alpha) = \ f\ '(x) = \ 2z}$$

ou, dans le cas il s'agit de la loi du mouvement dans le temps, c'est-à-dire espace $= s(t) = t^2$, nous obtenons pour la vitesse **vel = s '(t) = 2t**. Mais les critiques de l'évêque Berkeley explosèrent encore de plus à la suite des opérations effectuées avec les valeurs dx ou dt, et en particulier pour la "simplification" comme si dx ou dt fussent finis, pendant qu'après ils on éliminait en les considérant parties infinitésimales à tous les effets.

Il fallut plus d'un siècle pour dépasser le problème avec l'approche de Karl Weierstrass qu'il exploitait l'idée de limite, à peine introduit par Augustin-Louis Cauchy (1760-1848), entendu comme approximation améliorable "que l'on veuille".

Avec la notation introduite, actuellement en usage, l'on indique la limite des rapports incrémentiels sans plus utiliser les parties infinitésimales si pas dans la symbologie qui indique l'opération de dérivation $y' = f'(x) = dy/dx$.

Ou mieux, Weierstrass introduisit l'idée de limite double, pour rétrécir la zone dans laquelle ils doivent se trouver les deux points A et B qu'ils déterminent la sécante/tangente ou ils précisent la signification de vitesse instantanée: ils doivent se trouver dans un autour ε petit à plaire en direction horizontale, (axe x ou t), ainsi que dans un autour δ petit à plaire en direction verticale, (axe y ou s).

Mais dès qu'on explicite clairement l'idée de limite double – théorie statique de la variable – dans lequel n'apparaît pas aucune référence à la sécante qui s'approche à la tangente, voilà que les parties infinitésimales réapparaissent! Ils sont vraiment ε et δ, qu'ils ne peuvent pas rester évidemment fini, mais ils ne peuvent s'annuler du tout, autrement les points habituels A et B coïncideraient et ils ne pourraient pas déterminer aucune ligne droite.

Simplement, de cette manière les parties infinité-simales ε et δ n'interviennent pas en opérations algébriques ni en simplifications, mais ils *masquent* les opérations algébriques et les simplifications qui sont effectuées sur "accroissements" finis apparemment sous le symbologie de la limite!

Cependant il existe le moyen d'obtenir analytiquement l'équation de la tangente à la courbe en un de ses points n'importe quel. Et donc, étant donnée l'expression algébrique pour son coefficient directeur, on réussit à obtenir la dérivée de la courbe même. À la même manière avec laquelle l'on trouve, par exemple, la tangente à un cercle, c'est-à-dire en faisant système des deux équations.

Par exemple, pour la courbe ✿ $y = f(x) = x^2$, étant donnés ses points $A(z , y_0)$ [classiquement $A(x_0 , y_0)$] et $B'(x_1 , y_1)$, nous aurons

$$(y - y_0)/(x - z) = (y_1 - y_0)/(x_1 - z)$$

dont $\quad y (x_1 - z) - y_0(x_1 - z) = (y_1 - y_0)(x - z)$

c'est-à-dire

$$y (x_1 - z) = y_0 x_1 - \cancel{y_0 z} + y_1 x - y_1 z - y_0 x + \cancel{y_0 z}$$

ed enfin

$$y = \frac{y_1 - y_0}{x_1 - z} x + \frac{y_0 x_1 - y_1 z}{x_1 - z}$$

où le coefficient du **x** est le coefficient directeur de la sécante AB', et dans le cas des espaces parcouru il est la valeur instantanée de la vitesse, pendant

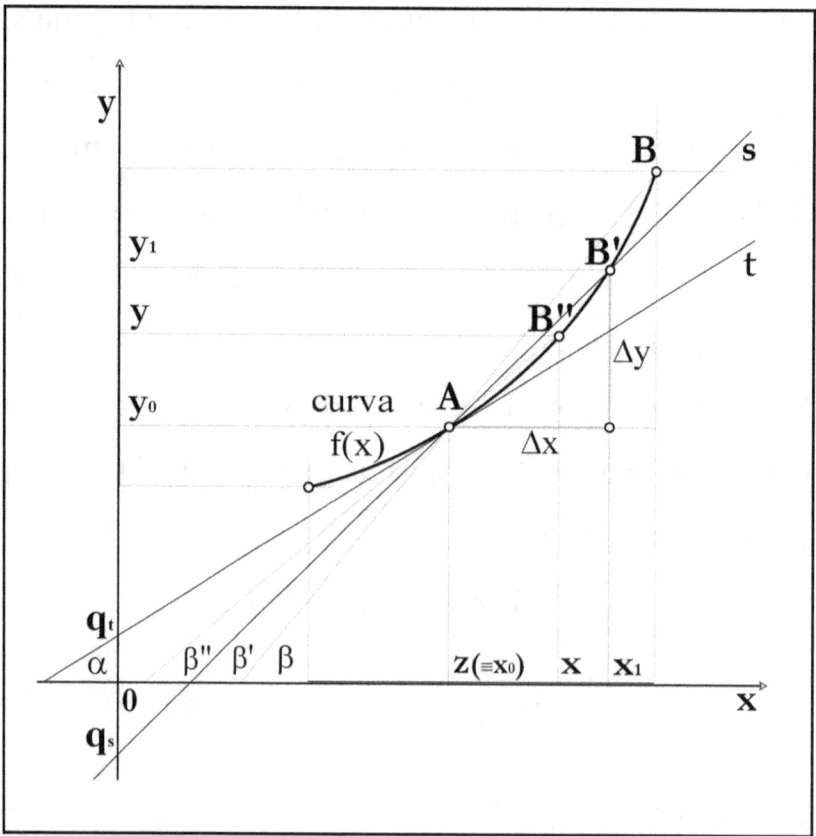

que l'expression du terme connu est l'intersection de la sécante avec l'axe **y**, d'habitude indiquée avec **q**.

L'on peut même écrire, formellement

$$(1) \quad y = \frac{f(x_1) - f(z)}{x_1 - z} x + \frac{f(z)\,x_1 - f(x_1)\,z}{x_1 - z}$$

Telle expression (1), qui représente notre sécante pour A et B', peut être utilisé pour n'importe quel $f(x)$.

Dans notre cas spécifique nous remplaçons **f(x)** avec du $\mathbf{x^2}$ en obtenant

$$y = (x_1^2 - z^2)/(x_1 - z)\,\mathbf{x} + (z^2 x_1 - x_1^2 z)/(x_1 - z) =$$

$$= (x_1 + z)(x_1 - z)/(x_1 - z)\mathbf{x} - x_1 z (x_1 - z)/(x_1 - z)$$

$$= (x_1 + z)\,\mathbf{x} - x_1 z$$

et à ce point nous faisons coïncider B' avec A en remplaçant x_1 avec du z, et nous obtenons l'équation de la tangente **t**:

$$y = \mathbf{2\,z}\,x - z^2$$

Une fois résolue le problème de la tangente, dont l'équation linéaire dans la variable **x** est $y = 2zx - z^2$ pour chaque spécial point A (z = constant), nous pouvons considérer comme change le coefficient directeur de la tangente au changer de la valeur de z, c'est-à-dire en correspondance du point A qui cette fois-ci il se remue sur la courbe en discussion.

L'expression pour le coefficient directeur est donc **m(z) = 2z**, c'est-à-dire, en revenant aux expressions classiques de la variable indépendante indiquée comme x ou comme t (temps):

$$y = f(x) = x^2, \qquad y' = f'(x) = d\,f(x)\,/dx = 2\,x;$$

$$s = s(t) = t^2, \qquad vel = s'(t) = d\,s(t)\,/dt = 2\,t;$$

en résultant facile vérifier que, dans le cas la courbe représente une loi du mouvement d'un point matériel, l'expression $s'(t) = d\,s(t)\,/dt = 2\,t$ décrit le changer de la vitesse instantanée du point même dans le temps **t**.

De cette manière ils résultent résolu en manière rigoureuse soit le problème de la tangente qui ce de la vitesse instantanée, en dépassant contradiction quelconque et incohérence.

Pour mieux souligner celui-là qui sont obtenus, il me semble utile considérer la méthode de Weierstrass comme tout interne à la logique de Zénon quand il propose sa compétition célèbre entre Achille et la tortue. Quand Achille atteint la position de la tortue qui était partie avec un avantage, cette dernière a déjà parcouru un trait ultérieur qui Achille parcourra à son tour, pour se trouver cependant toujours la tortue en avant à lui d'un autre écart encore, et ainsi de suite à l'infini. Alors Achille, en devant dépasser infinis petits écarts, il ne pourra pas atteindre la tortue.

De même, on ne pourra pas formellement jamais résoudre ni le problème des tangentes ni ce de la vitesse instantanée, soit que l'on essaie avec les parties infinitésimales de Newton et Leibniz qu'avec la double limite de Weierstrass: le point B ne pourra pas atteindre jamais le point A; et s'il l'atteignait ils seraient un unique point et on il ne pourrait pas tracer la tangente ni calculer la vitesse instantanée, parce qu'on obtient 0/0.

Nous savons bien, toutefois, qu'il est facile de *faire système* des deux simples relations linéaires pour le mouvement à la vitesse d'Achille et pour ce à la vitesse de la tortue, en tenant compte de son avantage au départ, et ensuite calculer la position et l'instant exactement dans lequel Achille effectivement il atteint la tortue, comme il pourrait faire quiconque de nous.

Exactement de la même façon, si nous fondons le système de façon à prendre en considération la droite sécante qu'il passe pour les points A et B, et nous le résolvons en opérant les substitutions qui font coïncider A et B, nous obtenons analytiquement la *équation de la tangente* à la courbe dans son point A.

Puis en extrapolant l'expression obtenue pour le coefficient directeur de la tangente, nous obtenons, en fonction de la variable **x,** l'expression pour la *vitesse instantanée*, que c'est enfin notre *dérivée*.

Il ne reste pas qu'essayer d'autres cas de courbes :

✡ **$f(x) = x^4$**

en partant de la (1) et en remplaçant la f(x)

$$y = (x_1^4 - z^4)/(x_1 - z)\,\mathbf{x} + (z^4 x_1 - x_1^4 z)/(x_1 - z) =$$
$$= (x_1^2 + z^2)(x_1 + z)(x_1 - z)/(x_1 - z)\,\mathbf{x}$$
$$- x_1 z(x_1^3 - z^3)/(x_1 - z) =$$
$$= (x_1^2 + z^2)(x_1 + z)\,\mathbf{x} - x_1 z(x_1^2 + x_1 z + z^2)$$

puis en remplaçant x_1 avec du z

$$y = (2z^2)(2z)\,\mathbf{x} - z^2(z^2 + z^2 + z^2),$$
$$y = \mathbf{4z^3}\,x - 3z^4$$

et enfin

$y = f(x) = x^4$,	**$y' = f'(x) = d\,f(x)/dx = 4x^3$;**
$s = s(t) = t^4$,	**$vel = s'(t) = d\,s(t)/dt = 4t^3$;**

✿ $f(x) = x^n$

en partant de la (1) et en remplaçant la f(x)

$$y = (x_1^n - z^n)/(x_1 - z)\,x \;+\; (z^n x_1 - x_1^n z)/(x_1 - z) =$$

$$= (x_1^{n-1} + z^{n-2}\,z + ...)(x_1 - z)/(x_1 - z)\,x$$

$$- x_1 z(x_1^{n-1} - z^{n-1})/(x_1 - z) =$$

$$= (x_1^{n-1} + z^{n-2}\,z + ...)\,x \; - \; x_1 z(x_1^{n-2} + x_1^{n-3}z + ...)$$

puis en remplaçant x_1 avec du z

$$y = (n\,z^{n-1})\,x \; - \; z^2(z^{n-2} + z^{n-2} + z^{n-2} + ...),$$

$$y = n\,z^{n-1}\,x - (n\text{-}1)\,z^n$$

et enfin

$$
\boxed{
\begin{array}{ll}
y = f(x) = x^n, & y' = f'(x) = d\,f(x)/dx = n\,x^{n-1}; \\[2mm]
s = s(t) = t^n, & vel = s'(t) = d\,s(t)/dt = n\,t^{n-1};
\end{array}
}
$$

✿ $f(x) = x^{1/2}$

en partant de la (1) et en remplaçant la f(x)

$$y = (x_1^{1/2} - z^{1/2})/(x_1 - z) \, \mathbf{x} + (z^{1/2}x_1 - x_1^{1/2}z)/(x_1 - z) =$$

$$= (x_1^{1/2} - z^{1/2})/(x_1^{1/2} + z^{1/2})(x_1^{1/2} - z^{1/2}) \, \mathbf{x} +$$

$$+ x_1^{1/2}z^{1/2}(x_1^{1/2} - z^{1/2})/(x_1^{1/2} + z^{1/2})(x_1^{1/2} - z^{1/2}) =$$

$$= 1/(x_1^{1/2} + z^{1/2}) \, \mathbf{x} + x_1^{1/2}z^{1/2}/(x_1^{1/2} + z^{1/2})$$

puis en remplaçant x_1 avec z

$$y = \mathbf{1/(2\,z^{1/2})} \; x + z(2\,z^{1/2}) \quad \text{et enfin}$$

$$\boxed{\begin{array}{c} y = f(x) = \sqrt{x}, \;\; y' = \dfrac{df(x)}{dx} = \dfrac{1}{2\sqrt{x}}; \\[4mm] vel = s'(t) = \dfrac{1}{2\sqrt{t}}; \end{array}}$$

✿   **f(x) = 1/x**

en partant de la (1) et en remplaçant la f(x)

$$y = (1/x_1 - 1/z)/(x_1 - z)\, x + [(1/z)\, x_1 - (1/x_1)\, z]/(x_1 - z) =$$

$$= 1/x_1 z\ (z - x_1)/(x_1 - z)\, x$$
$$+ 1/x_1 z\ (x_1{}^2 - z^2)/(x_1 - z) =$$

$$= -1/x_1 z\ x + (x_1 + z)/x_1 z$$

puis en remplaçant x_1 avec du z

$$y = -1/z^2\ x + 2/z \quad \text{et enfin}$$

$$\boxed{\;y = f(x) = \frac{1}{x},\ \ y' = f'(x) = \frac{df(x)}{dx} = -\frac{1}{x^2};\;\\[2mm] vel = s'(t) = -\frac{1}{t^2};\;}$$

✿ $f(x) = \ln_a(x)$ ✿ $f(x) = \ln(x)$

en partant de la (1) et en remplaçant la f(x)

$y = [\ln_a(x_1) - \ln_a(z)]/(x_1 - z)\, x\ +$

$\qquad + [\ln_a(z)\, x_1 - \ln_a(x_1)z]/(x_1 - z) =$

$= \ln_a(x_1/z)/(x_1 - z)\, x\ +\ q =$

$\qquad = (z/z)\ln_a[(x_1/z)]^{1/(x_1 - z)}\, x\ +\ q =$

$= (1/z)\ln_a[1+(x_1 - z)/z)]^{z/(x_1 - z)}\, x\ +\ q$

Dans ce cas nous indiquons avec du q l'intersection de la tangente avec l'axe y sans la calculer, en nous limitant à tirer l'expression pour son coefficient directeur m_α qu'il est ce qui nous intéresses parce qu'il correspond à la dérivée que nous cherchons.

Il faut rappeler en outre, que le numéro transcendant *e* il est pour sienne propre nature et définition l'expression d'une limite:

$$e = \lim_{n\to\infty}(1+\frac{1}{n})^n = 2{,}718281828459045\ldots$$

En remplaçant x_1 avec du z nous n'écrivons pas certainement ∞ à la place de l'exposant $[...]^{z/(x_1 - z)}$ mais, dans ce cas, nous pouvons opérer le passage à la limite exactement parce que nous nous trouvons devant la définition exacte d' *e*; donc:

$$y = (1/z)\, \ln_a(\,e\,)\ \mathbf{x}\ + q;$$

en posant $a = e$: $\quad y = (1/z)\, \ln_e(e)\, \mathbf{x} + q = (1/z)\, \mathbf{x}\ + q$ et enfin

$$y = f(x) = \ln_a(x),\ \ y' = \frac{df(x)}{dx} = \frac{1}{x}\ln_a(e),\ vel = s'(t) = \frac{1}{t}\ln_a(e);$$

$$y = f(x) = \ln_e(x),\ \ \ y' = \frac{df(x)}{dx} = \frac{1}{x},\ \ \ vel = s'(t) = \frac{1}{t}.$$

APPROSSIMATIONS D'ORDRE SUPÉRIEUR

SÉRIES de TAYLOR FONCTIONS TRIGONOMÉTRIQUES

C omme les Grecs avaient déjà deviné en affirmant qu'entre la tangente à une courbe et la courbe même ne peuvent pas être insérées d'autres droites, l'équation de la tangente approche analytiquement dans le point A celle de la courbe, et nous pouvons continuer dans l'étude soit qualitativement que quantitativement.

Tout d'abord, nous disons que l'approximation par tangente est de type linéaire, juste parce que la tangente est une ligne droite.

Comme l'on voit dans l'illustration qui suit, une fois indiquée avec Δx l'accroissement de la variable indépendante, l'accroissement correspondant selon la courbe f(x) sera Δy; à ce point nous pouvons appeler dy l'accroissement seconde linéaire la tangente, et nous pouvons appeler $\varepsilon_1 \Delta x$ la différence entre ces deux accroissements; intuitivement – en nous limitant à un simple trait de courbe au cours monotone – si Δx tend progressivement à diminuer la même chose il tendra à faire ε_1, et $\varepsilon_1 \Delta x$ par conséquence tendra à diminuer de manière plus que linéaire, c'est-à-dire selon un ordre "supérieur", de manière que dans l'ensemble le segment $dy + \varepsilon_1 \Delta x$ approchera exactement notre y courbe = f(x).

Le terme dy vient nommé *différentiel* de la fonction f(x), en sous-entendant qu'il s'agit d'un différentiel **linéaire**.

Alors le différentiel linéaire correspondant, selon la variable x, il ne peut pas que coïncider avec l'accroissement $\Delta x = dx$.

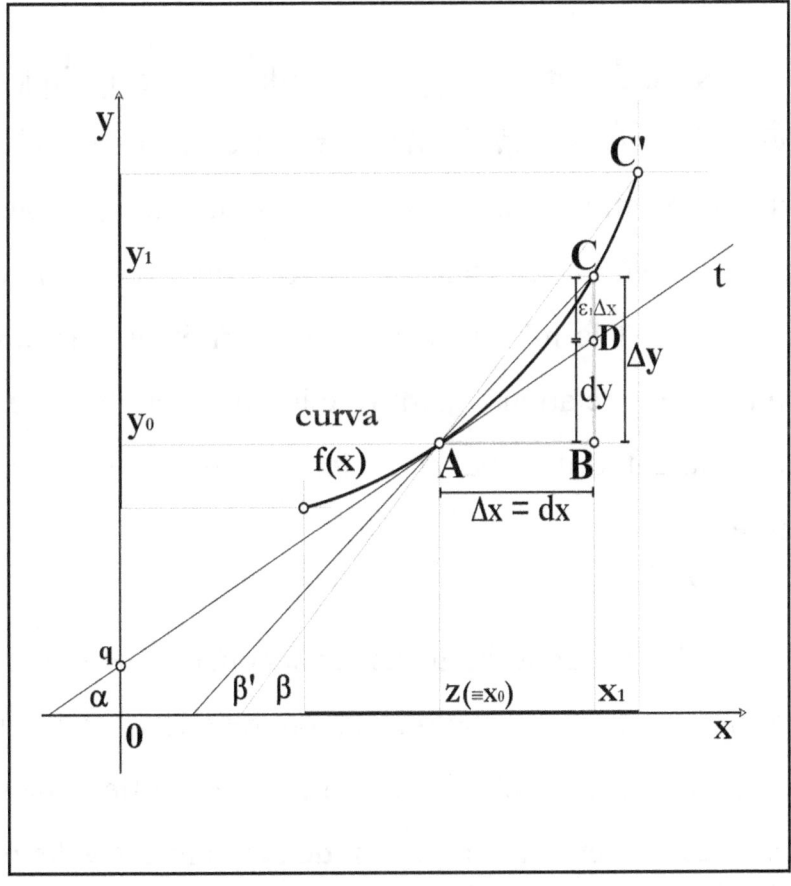

En étant justement différentiels linéaires selon la tangente, leur rapport est constant et il coïncide avec la dérivée; pour ce motif il est usage courant écrire

$$\dot{y} = y' = f'(x) = \frac{df(x)}{dx} = \frac{dy}{dx}$$

pour indiquer la dérivée de la fonction f(x).

Les différentiels dy et dx sont typiques des *équations différentielles*, très importantes en mathématiques physiques. Elles sont des équations *fonctionnelles*, exactement parce que l'inconnue à trouver est la même fonction f(x), en étant connues plutôt les relations parmi elle et ses dérivées de différent ordre, ou entre les différentes dérivées entre eux.

Car les cas sont fréquents dans lequel on ne réussit pas à remonter aux solutions, on réussit à calculer les solutions approché juste à travers les différentiels linéaires dy et dx, en partant de déterminées valeurs initiales. La méthode est dite des accroissements finis, et sa précision dépend de combien l'on réussit à rendre petit l'accroissement, d'une manière compatible avec les capacités de calcul du calculateur employé.

D'autres considérations très intéressantes peuvent être faites quand l'on essaie de rechercher des meilleures approximations plutôt que le linéaire de notre tangente à qui il semble faire allusion notre accroissement d'ordre supérieur $\varepsilon_1 \Delta x$.

Si l'abscisse de notre point de tangence A il est z, alors l'équation de la tangente sera

$$p_1(x) = f(z) + f'(z)(x - z)$$

où nous indiquons l'équation avec $p_1(x)$ pour mettre en évidence qu'il s'agit d'un polynôme du premier degré. L'on peut vérifier aisément que tel polynôme dans le point A[z, f(z)] il coïncide avec la f(x), étant donné qu'il assume les mêmes valeurs; et en outre, naturellement, en A il a la même dérivée.

Il n'est pas difficile de choisir un polynôme d'une manière analogue, cette fois de second degré, que dans le même point A il aie en commune avec la f(x) les valeurs, la dérivée première et aussi la dérivée seconde; il sera

$$p_2(x) = f(z) + f'(z)(x - z) + f''(z)/2!\,(x - z)^2.$$

Et l'on peut continuer en impliquant dérivées du f(x) de degré haut de plus en plus, si elles existent, en obtenant la célèbre ***formule de Taylor*** - qu'il remonte au 1715 - pour le développement en série de puissances:

$$f(x) \approx p_n(x) = f(z) + f'(z)(x - z) + f''(z)/2!\,(x - z)^2 + \ldots + f^n(z)/n!\,(x - z)^n.$$

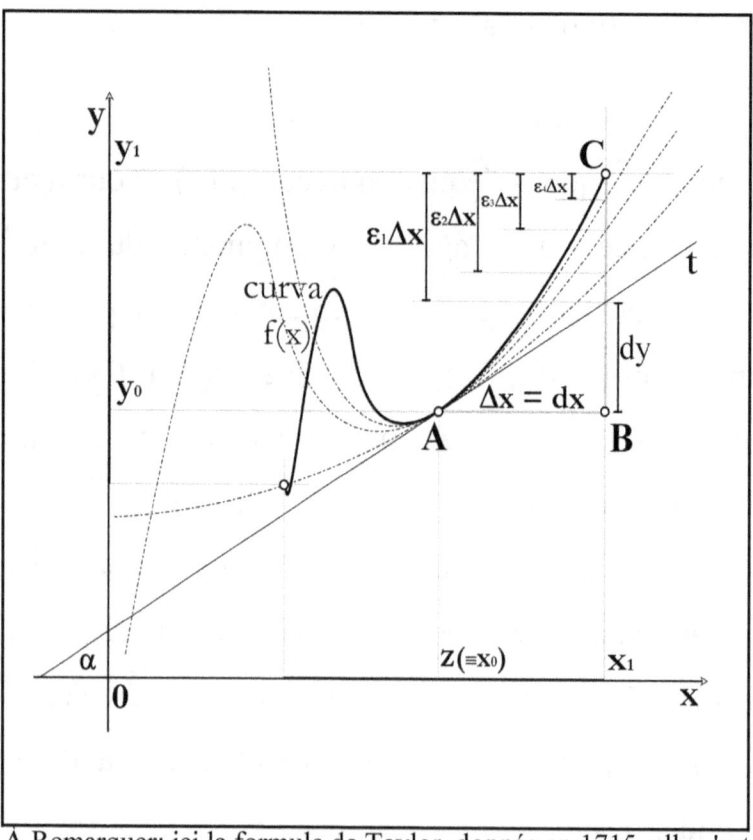

À Remarquer: ici la formule de Taylor, donnée en 1715, elle n'est pas démontrée, mais simplement illustrée géométriquement.

Comme l'on peut évaluer du graphique, on obtient une approximation petit à petit en À toujours meilleur, c'est-à-dire de grand ordre de plus en plus, en obtenant rapidement de plus en plus les accroissements décroissants $\varepsilon_1\Delta x$, $\varepsilon_2\Delta x$, $\varepsilon_3\Delta x$, $\varepsilon_4\Delta x$ ... $\varepsilon_n\Delta x$: la différence lorsque z se rapproche à A décroîtra plus rapidement que $(x - z)^n$. En effet ce que l'on appelle le *reste,* évalué dans un voisinage du point A et pas exactement en A parce qu'en tel point la fonction f(x) et son développement de Taylor en série de puissances coïncident nécessairement, il est de l'ordre de $(x - z)^n/(n + 1)!$. Avant de passer aux dérivées des fonctions trigonométriques il est opportun d'examiner les relations qui existent entre les valeurs de sin(x), x et tan(x) où x, en radians, c'est la variable sur lequel l'on calcule les valeurs sin(x) et tan(x), éventuellement en utilisant développements en série de Taylor.

Dans le cas l'on considère le cercle de rayon unitaire, *le cercle trigonométrique*, comme en illustration, x est l'arc sur lequel sin(x) et tan(x) insistent.

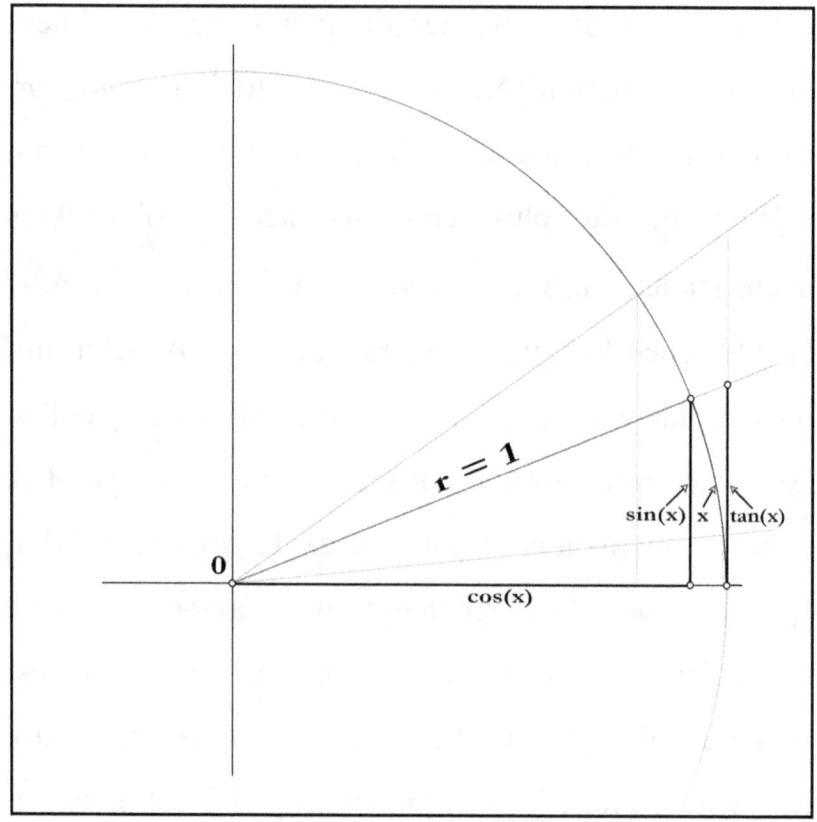

Il est évidente immédiatement la relation d'ordre

sin(x) < x < tan(x),

ou aussi

$$\frac{\sin(x)}{x} < 1 < \frac{\tan(x)}{x}, \quad \frac{\sin(x)}{x} - 1 < 0 < \frac{\tan(x)}{x} - 1;$$

Attendue l'évidence qui pour valeurs de plus en plus petites de l'argument $\varepsilon = x$ ils sont aussi de plus en plus petits les valeurs $\varepsilon_1 = \sin(x)$, $\varepsilon_2 = \tan(x)$

et $\varepsilon_3 = 1 - \cos(x)$, tenu compte que $\sin(0) = \tan(0) = 0$ et $\cos(0) = 1$, l'on peut tâcher d'évaluer la différence $\tan(x) - \sin(x)$ simplement en écrivant:

$$\tan(x) - \sin(x) = \tan(x) [\, 1 - \cos(x)\,] = \varepsilon_2 * \varepsilon_3.$$

Cela nous dit que la différence $\tan(x) - \sin(x)$ tentes à diminuer avec une vitesse "d'ordre supérieur", au point de pouvoir écrire $\sin(\varepsilon) \approx \varepsilon \approx \tan(\varepsilon)$ en entendant comme "infiniment voisin" le sens du symbole " $\approx$ ", à la manière de l'Analyse Non-Standard. Il est donc aussi $\sin(\varepsilon)/\varepsilon \approx 1 \approx \tan(\varepsilon)/\varepsilon$.

Une confirmation l'on a directement étant donné que, pour $\varepsilon > 0$, $\sin(\varepsilon) < \varepsilon < \tan(\varepsilon)$ tout de suite il devient $\qquad 1 < \varepsilon / \sin(\varepsilon) < 1 / \cos(\varepsilon)$

c'est-à-dire $\qquad 1 > \sin(\varepsilon) / \varepsilon > \cos(\varepsilon),$

or $\qquad 1 / \cos(\varepsilon) > \tan(\varepsilon) / \varepsilon > 1;$

mais il est sans aucun doute que $\cos(\varepsilon) \approx \cos(0) = 1$ dont inévitablement $\mathbf{sin(\varepsilon)/\varepsilon} \approx 1$ et en même temps $\mathbf{tan(\varepsilon)/\varepsilon} \approx 1$.

Dans le graphique ci-dessous, dans lequel sont représentées soit $\sin(x)/x$ que $\tan(x)/x$, il est clair que

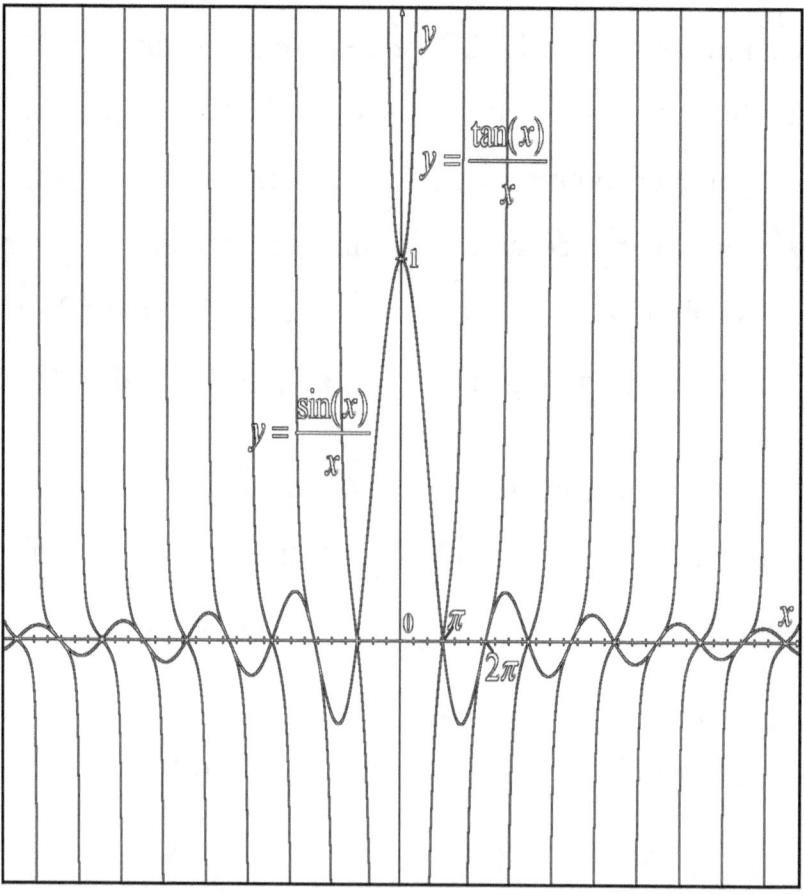

les deux ont tendance à être 1 pour les petites valeurs de la variable x.

Une autre confirme l'on peut extrapoler - à postérieurs!
- étant donné les développements en série de Taylor
pour $\sin(x)$ e $\tan(x)$, qu'ils sont:

$$\sin(x) = x - x^3/3! + x^5/5! - x^7/7! + \ldots$$
$$\tan(x) = x + x^3/3 + 2x^5/15 + 17x^7/315 + \ldots$$

dont

$$\sin(x)/x = 1 - x^2/3! + x^4/5! - x^6/7! + \ldots$$
$$\tan(x)/x = 1 + x^2/3 + 2x^4/15 + 17x^6/315 + \ldots$$

en déduisant donc $\mathbf{\sin(\varepsilon)/\varepsilon} \approx 1$ et $\mathbf{\tan(\varepsilon)/\varepsilon} \approx 1$ avec
une approximation *du second ordre*.

Celui-ci est "visible" dans le suivant graphique, où
$\sin(x)/x$ et $\tan(x)/x$ sont comparés avec les paraboles
à leurs prochaines

$$y = 1 - x^2/3! \quad \text{et} \quad y = 1 + x^2/3.$$

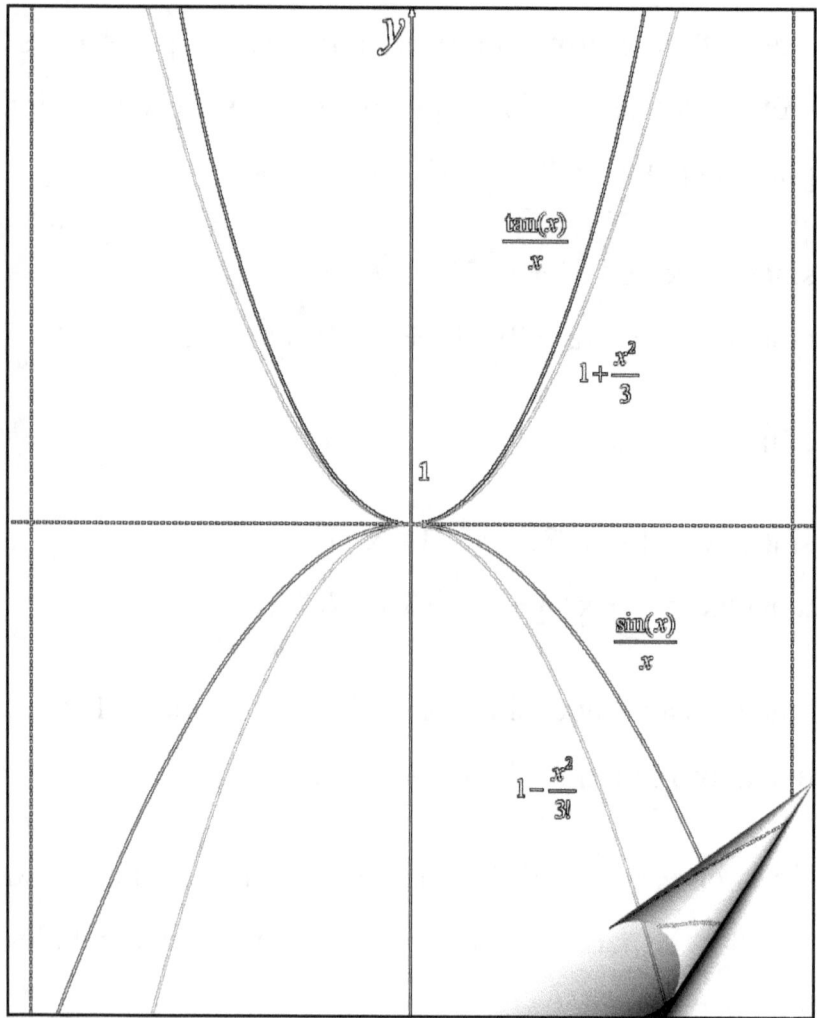

Et enfin

$$\tan(x) - \sin(x) = (1/3 + 1/3!)\, x^3 + (2/15 - 1/5!)x^5 +$$
$$+ (17/315 + 1/7!)x^7 + \dots$$

c'est-à-dire **$\tan(\varepsilon) - \sin(\varepsilon) \approx 0$** avec une approximation ***du troisième ordre***.

Pendant qu'il est

$$[\tan(x) - \sin(x)]/x = (1/3 + 1/3!)\, x^2 + (2/15 - 1/5!)x^4 + $$
$$+ (17/315 + 1/7!)\, x^6 + \dots$$

c'est-à-dire $\mathbf{\sin(\varepsilon)/\varepsilon} \approx \mathbf{\tan(\varepsilon)/\varepsilon} \approx 1$ toujours avec une approximation *du second ordre*.

À ce point nous pouvons continuer avec les *fonctions trigonométriques:*

✿ $\mathbf{f(x) = \sin(x)}$

en partant toujours de la (1) et en remplaçant la f(x)

$$y = [\sin(x_1) - \sin(z)]/(x_1 - z)\, \mathbf{x} \; + $$
$$+ [\sin(z)\, x_1 - \sin(x_1)\, z]/(x_1 - z) = $$

$$= \frac{\left\{ 2\cos\!\left(\dfrac{x_1 + z}{2} \right) \sin\!\left(\dfrac{x_1 - z}{2} \right) \right\}}{x_1 - z} x + q$$

puis en remplaçant x_1 avec du z

$$y = \frac{\left\{\cos\left(\frac{2z}{2}\right)\sin\frac{x_1-z}{2}\right\}}{\frac{x_1-z}{2}} x + q = \cos(z)\frac{\sin(\varepsilon)}{\varepsilon} x + q$$

$$y = \cos(z)\ x\ + q$$

le lecteur essaie que

$$q = sin(z) - z\ cos(z)$$

et enfin

$$y = f(x) = \sin(x), \quad y' = f'(x) = d\ f(x)\ /dx = \cos(x),$$

$$vel = s'(t) = \cos(t)$$

✿ $f(x) = \cos(x)$

en partant toujours de la (1) et en remplaçant la f(x)

$$y = [\cos(x_1) - \cos(z)]/(x_1 - z)\ x\ +$$

$$+ [\cos(z)\ x_1 - \cos(x_1)z]/(x_1 - z) =$$

$$= \frac{\left\{2\sin\left(\frac{x_1+z}{2}\right)\sin\left(\frac{z-x_1}{2}\right)\right\}}{x_1-z} x + q$$

puis en remplaçant x_1 avec du z

$$y = \frac{\left\{ -\sin\left(\frac{2z}{2}\right)\sin\left(\frac{x_1-z}{2}\right) \right\}}{\frac{x_1-z}{2}} x + q = -\sin(z)\frac{\sin(\varepsilon)}{\varepsilon} x + q$$

ensuite　$y = -\textbf{sin (z)}\ x\ + \ q,$　et enfin

$$\boxed{\begin{array}{c} y = f(x) = \cos(x), \quad y\,' = d\ f(x)\,/dx = -\sin(x), \\[2mm] vel = s'(t) = -\sin(t) \end{array}}$$

✿　　　　$f(x) = \tan(x)$

en partant toujours de la (1) et en remplaçant la $f(x)$

$$y = [\tan(x_1) - \tan(z)]/(x_1 - z)\ \textbf{x}\ +$$
$$+ \ [\tan(z)\,x_1 - \tan(x_1)\,z]/(x_1 - z) =$$

$$= \{ \sin(x_1)/\cos(x_1) - \sin(z)/\cos(z) \}/(x_1 - z)\ \textbf{x}\ + \ q =$$

$$= \frac{\left\{ \dfrac{\sin(x_1)\cos(z) - \sin(z)\cos(x_1)}{\cos(x_1)\cos(z)} \right\}}{x_1 - z} \, x + q =$$

$$= \frac{\left\{ \dfrac{\sin(x_1 - z)}{\cos(x_1)\cos(z)} \right\}}{x_1 - z} \, x + q$$

puis en remplaçant x_1 avec du z :

$$y = 1/\cos^2(z) \left\{ \sin(x_1 - z) / (x_1 - z) \right\} x \; + \; q =$$

$$= 1/\cos^2(z) \left\{ \sin(\varepsilon) / \varepsilon \right\} x \; + \; q$$

$$y = 1/\cos^2(z) \; x \; + \; q \; = \; \sec^2(z) \; x \; + \; q$$

et finalement

$$y = f(x) = \tan(x), \quad y' = d\, f(x)/dx = 1/\cos^2(x),$$

$$vel = s'(t) = 1/\cos^2(t)$$

✿   **f(x) = cot(x)**

en partant toujours de la (1) et en remplaçant la f(x)

$$y = \frac{\cot(x_1) - \cot(z)}{x_1 - z}\,x + \frac{\cot(z)\,x_1 - \cot(x_1)\,z}{x_1 - z} =$$

$$= \frac{\dfrac{\cos(x_1)}{\sin(x_1)} - \dfrac{\cos(z)}{\sin(z)}}{x_1 - z}\,x + q =$$

$$= \frac{\dfrac{\cos(x_1)\sin(z) - \cos(z)\sin(x_1)}{\sin(x_1)\sin(z)}}{x_1 - z}\,x + q =$$

$$= -\frac{\dfrac{\sin(x_1)\cos(z) - \sin(z)\cos(x_1)}{\sin(x_1)\sin(z)}}{x_1 - z}\,x + q =$$

$$= \frac{\dfrac{\sin(x_1 - z)}{\sin(x_1)\sin(z)}}{x_1 - z}\,x + q$$

puis en remplaçant x_1 avec du z

$$y = -\frac{1}{\sin^2(z)} \frac{\sin(x_1 - z)}{x_1 - z} x + q =$$

$$-\frac{1}{\sin^2(z)} \frac{\sin(\varepsilon)}{\varepsilon} x + q$$

$$y = -1/\sin^2(z)\ x\ +\ q\ =\ -\csc^2(z)\ x\ +\ q$$

ed enfin

$$y = f(x) = \cot(x), \quad y' = d\,f(x)/dx = -1/\sin^2(x),$$

$$vel = s'(t) = -1/\sin^2(t).$$

FONCTIONS HYPERBOLIQUES

I ci aussi, avant de passer aux dérivées des fonctions hyperboliques il est opportun d'examiner les relations qui existent entre les valeurs de sinh(x), x et tanh(x), où x est l'argument sur lequel l'on calcule les valeurs au moyen de la fonction exponentielle e^x.

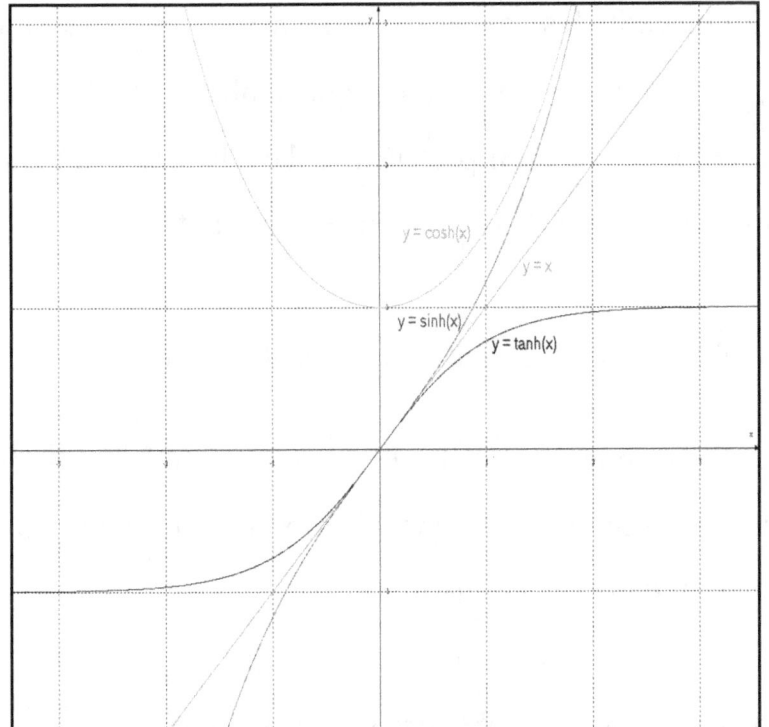

Du graphique il est évident immédiatement la relation d'ordre

$$\tanh(x) < x < \sinh(x),$$

ou aussi

$$\tanh(x)/x \; < \; 1 \; < \; \sinh(x)/x,$$

$$\tanh(x)/x - 1 \; < \; 0 \; < \; \sinh(x)/x - 1.$$

Attendue l'évidence qui pour valeurs de plus en plus petites de l'argument $\varepsilon = x$ ils sont aussi de plus en plus petits les valeurs $\varepsilon_1 = \sinh(x)$, $\varepsilon_2 = \tanh(x)$ et $\varepsilon_3 = \cosh(x) - 1$, tenu compte que $\sinh(0) = \tanh(0) = 0$ et $\cosh(0) = 1$, l'on peut tâcher d'évaluer la différence $\sinh(x) - \tanh(x)$ simplement en écrivant:

$$\sinh(x) - \tanh(x) \; = \; \tanh(x) \, [\cosh(x) - 1] \; = \; \varepsilon_2 * \varepsilon_3.$$

Cela nous dit que la différence $\sinh(x) - \tanh(x)$ tend à diminuer avec une vitesse "d'ordre supérieur", au point de pouvoir écrire

$$\sinh(\varepsilon) \; \approx \; \varepsilon \; \approx \; \tanh(\varepsilon).$$

Il est donc aussi $\sinh(\varepsilon)/\varepsilon \; \approx \; 1 \; \approx \; \tanh(\varepsilon)/\varepsilon.$

Une confirmation l'on a directement étant donné que, pour $\varepsilon > 0$,

$\tanh(\varepsilon) < \varepsilon < \sinh(\varepsilon)$

tout de suite il devient $1/\cosh(\varepsilon) < \varepsilon/\sinh(\varepsilon) < 1$

c'est-à-dire $\cosh(\varepsilon) > \sinh(\varepsilon) / \varepsilon > 1,$

or $\qquad 1 > \tanh(\varepsilon) / \varepsilon > 1/ \cosh(\varepsilon)$

mais il est sans aucun doute que $\cosh(\varepsilon) \approx 1$ dont inévitablement $\mathbf{\sinh(\varepsilon)/\varepsilon} \approx 1$ et en même temps $\mathbf{\tanh(\varepsilon)/\varepsilon} \approx 1$.

Dans le graphique ci-dessous, dans lequel sont représentées soit $\sinh(x)/x$ que $\tanh(x)/x$, il est clair que les deux ont tendance à être 1 pour les petites valeurs de la variable x.

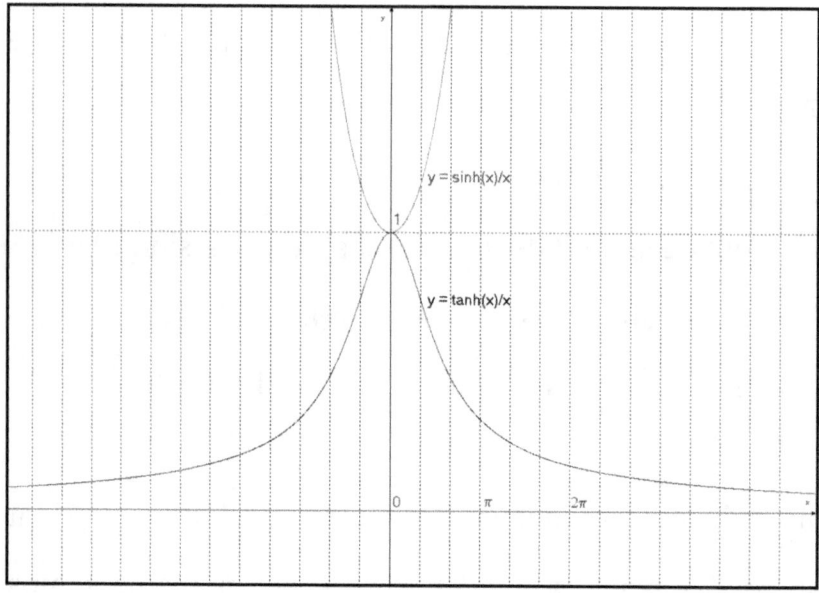

Pour une autre confirme l'on peut condidérer – toujours à postérieurs! – les développements en série de Taylor pour sinh(x) e tanh(x), qu'ils sont:

$$\sinh(x) = x + x^3/3! + x^5/5! + x^7/7! + \ldots$$

$$\tanh(x) = x - x^3/3 + 2x^5/15 - 17x^7/315 + \ldots$$

dont

$$\sin(x)/x = 1 + x^2/3! + x^4/5! + x^6/7! + \ldots$$
$$\tan(x)/x = 1 - x^2/3 + 2x^4/15 - 17x^6/315 + \ldots$$

en déduisant donc **sinh(ε)/ε** ≈ 1 e **tanh(ε)/ε** ≈ 1 avec une approximation *du second ordre*.

Et enfin

$$\sinh(x) - \tanh(x) = (1/3! + 1/3)\,x^3 +$$
$$+ (2/5! - 1/15)x^5 + (1/7! + 17/315)x^7 + \dots$$

c'est-à-dire   **tan(ε) – sin(ε)** ≈ **0**

avec une approximation *du troisième ordre*.

Pendant que

$$[\sinh(x) - \tanh(x)]/x = (1/3! + 1/3)\,x^2 +$$
$$+ (2/5! - 1/15)x^4 + (1/7! + 17/315)x^6 + \dots$$

c'est-à-dire **sinh(ε)/ε ≈ tanh(ε)/ε** ≈ 1,

toujours avec une approximation *du second ordre*.

À ce point nous pouvons continuer avec les *fonctions hyperboliques*:

✿ **f(x) = sinh(x)**

en partant toujours de la (1) et en remplaçant la f(x)

$$y = \frac{\sinh(x_1) - \sinh(z)}{x_1 - z}\,x + \frac{\sinh(z)\,x_1 - \sinh(x_1)\,z}{x_1 - z} =$$

$$= \frac{\left\{ 2\cosh\left(\dfrac{x_1 + z}{2}\right)\sinh\left(\dfrac{x_1 - z}{2}\right)\right\}}{x_1 - z} + q$$

puis en remplaçant x_1 avec du z

$$y = \frac{\left\{ \cosh\left(\dfrac{2z}{2}\right)\sinh\left(\dfrac{x_1 - z}{2}\right)\right\}}{\dfrac{x_1 - z}{2}}\,x + q =$$

$$= \cosh(z)\,\frac{\sinh(\varepsilon)}{\varepsilon}\,x + q$$

$y =$ **cosh(z) x** $+ q$　et enfin

---

y = f(x) = sinh(x),　y ' = f '(x) = d f(x)/dx = cosh(x),

vel = s'(t) = cosh(t)

✿   **f(x) = cosh(x)**

en partant toujours de la (1) et en remplaçant la f(x)

$$y = \frac{\cosh(x_1) - \cosh(z)}{x_1 - z} x + \frac{\cosh(z) x_1 - \cosh(x_1) z}{x_1 - z} =$$

$$= \frac{\left\{ 2\sinh\left(\frac{x_1 + z}{2}\right) \sinh\left(\frac{x_1 - z}{2}\right) \right\}}{x_1 - z} x + q$$

puis en remplaçant x_1 avec du z

$$y = \frac{\left\{ \sinh\left(\frac{2z}{2}\right) \sinh\left(\frac{x_1 - z}{2}\right) \right\}}{\dfrac{x_1 - z}{2}} x + q =$$

$$\sinh(z) \frac{\sinh(\varepsilon)}{\varepsilon} x + q$$

$$y = \; \mathbf{sinh(z)} \; x \; + \; q \qquad \text{et enfin}$$

$$\boxed{\begin{array}{c} \mathbf{y = f(x) = \; cosh(x),} \qquad \mathbf{y' = d\, f(x)\, /dx = sinh(x),} \\[2mm] \mathbf{vel = s'(t) = sinh(t)} \end{array}}$$

✱   **f(x) = tanh(x)**

en partant toujours de la (1) et en remplaçant la f(x)

$$y = \frac{\tanh(x_1) - \tanh(z)}{x_1 - z} x + \frac{\tanh(z) x_1 - \tanh(x_1) z}{x_1 - z} =$$

$$= \frac{\dfrac{\sinh(x_1)}{\cosh(x_1)} - \dfrac{\sinh(z)}{\cosh(z)}}{x_1 - z} x + q =$$

$$= \frac{\dfrac{\sinh(x_1)\cosh(z) - \cosh(x_1)\sinh(z)}{\cosh(x_1)\cosh(z)}}{x_1 - z} x + q =$$

$$= \frac{\dfrac{\sinh(x_1 - z)}{\cosh(x_1)\cosh(z)}}{x_1 - z} + q$$

puis en remplaçant x_1 avec du z

$$y = \frac{1}{\cosh^2(z)} \frac{\sinh(x_1 - z)}{x_1 - z} x + q =$$

$$= \frac{1}{\cosh^2(z)} \frac{\sinh(\varepsilon)}{\varepsilon} x + q$$

$$y = 1/\cosh^2(z) \ x \ + \ q \ = \ \text{sech}^2(z) \ x \ + \ q$$

et enfin

$$y = f(x) = \tanh(x), \quad y' = d\,f(x)/dx = 1/\cosh^2(x),$$

$$\text{vel} = s'(t) = 1/\cosh^2(t)$$

    ✿ $f(x) = \coth(x)$

en partant toujours de la (1) et en remplaçant la $f(x)$

$$y = \frac{\coth(x_1) - \coth(z)}{x_1 - z} x + \frac{\coth(z)\,x_1 - \coth(x_1)\,z}{x_1 - z} =$$

$$= \frac{\dfrac{\cosh(x_1)}{\sinh(x_1)} - \dfrac{\cosh(z)}{\sinh(z)}}{x_1 - z} x + q =$$

$$= \frac{\dfrac{\cosh(x_1)\sinh(z) - \cosh(z)\sinh(x_1)}{\sinh(x_1)\sinh(z)}}{x_1 - z} x + q =$$

$$= -\frac{\dfrac{\sinh(x_1)\cosh(z) - \cosh(x_1)\sinh(z)}{\sinh(x_1)\sinh(z)}}{x_1 - z} x + q =$$

$$= -\frac{\dfrac{\sinh(x_1 - z)}{\sinh(x_1)\sinh(z)}}{x_1 - z} x + q$$

puis en remplaçant x_1 avec du z

$$y = -\frac{1}{\sinh^2(z)} \frac{\sinh(x_1 - z)}{x_1 - z} x + q =$$

$$= -\frac{1}{\sinh^2(z)} \frac{\sinh(\varepsilon)}{\varepsilon} x + q$$

$$y = -1/\sinh^2(z)\ x\ +\ q\ =\ -\ \mathbf{csch}^2(z)\ x\ +\ q$$

et finalement

$$y = f(x) = \cot(x), \quad y' = d\,f(x)/dx = -1/\sinh^2(x),$$

$$vel = s'(t) = -1/\sinh^2(t)$$

✿ $f(x) = e^x$

en partant toujours de la (1) et en remplaçant la f(x)

$$y = \frac{e^{x_1} - e^z}{x_1 - z} x + q = \frac{e^{x_1}\left(1 - \dfrac{e^z}{e^{x_1}}\right)}{x_1 - z} x + q =$$

$$= e^{x_1} \frac{1 - \dfrac{1}{e^{x_1 - z}}}{x_1 - z} x + q = e^{x_1} \frac{e^{z - x_1} - 1}{z - x_1} x + q$$

à ce point l'on peut tenir compte de la limite remarquable

$$\lim_{t \to 0} \frac{e^t - 1}{t} = 1$$

où soit $t = z - x_1$, et obtenir immédiatement avec la substitution de x_1 avec du z: $y = e^z + q$, et enfin

---

$$y = f(x) = e^x, \quad y' = d\,f(x)/dx = e^x, \quad vel = s'(t) = e^t$$

une autre démonstration pour la dérivée de la fonction exponentielle e^x
est présentée à la page 65, dans le chapitre sur les Fonctions Inverses.

RÈGLES
DE DÉRIVATION

L orsque la fonction y(x) à dériver il est, plus ou moins simplement, composée par deux ou plus fonctions f(x), g(x), h(x) … l'on peut tirer des règles assez aisément de dérivation que, supposées calculables les fonctions f '(x), g'(x), h'(x) …, ils permettent de la calculer aussi la y'(x).

Il est évident par exemple, que si pour une date abscisse z, celle du point A, nous additionnons ou nous soustrayons les fonctions $f(x)$, $g(x)$, $h(x)$ ..., aussi les accroissements relatifs Δ_f, Δ_g, Δ_h ... sont ajoutées ou déduites. Le même arrivera pour les différentiels linéaires correspondants d_f, d_g, d_h ... qui correspondent directement aux dérivées connexes.

Nous aurons ensuite pour la

✿   *somme:*

si $y(x) = f(x) + g(x) + h(x)$ ...   alors

$$y'(x) = d\, y(x)/dx = \{ f(x) + g(x) + h(x)... + d_f + d_g + d_h ...$$

$$- [f(x) + g(x) + h(x)] \}/dx =$$

$$= d_f/dx + d_g/dx + d_h/dx ...$$

c'est-à-dire

$$y'(x) = f'(x) + g'(x) + h'(x) ...$$

De même, nous aurons pour la

☞   *différence:*

si $y(x) = f(x) - g(x)$ alors

$y'(x) = d\ y(x)/dx = \{f(x) - g(x) + d_f - d_g - [f(x) - g(x)]\}/dx = d_f/dx - d_g/dx$

c'est-à-dire

$$y'(x) = f'(x) - g'(x)$$

et pour le

☞   *produit:*

si $y(x) = f(x) * g(x)$ alors

$y'(x) = d\ y(x)/dx = \{[f(x) + d_f] * [g(x) + d_g]$

$- f(x) * g(x)\}/dx =$

$$= \{ f(x) * g(x) + f(x) * d_g + g(x) * d_f - f(x) * g(x) \}/dx =$$

$$= [f(x) * d_g + g(x) * d_f]/dx = f(x) * d_g/dx + g(x) * d_f/dx$$

c'est-à-dire

$$y'(x) = f(x) * g'(x) + g(x) * f'(x)$$

et, comme cas spécial, étant donné que la dérivée d'une constante est zéro:

✿   ***produit pour une constante:***

si $y(x) = c * f(x)$ alors

$$y'(x) = c * f'(x)$$

✿   *rapport:*

si $y(x) = f(x) / g(x)$ alors

$$y'(x) = \frac{dy(x)}{dx} = \frac{\left\{ \dfrac{f(x)+d_f}{g(x)+d_g} - \dfrac{f(x)}{g(x)} \right\}}{dx} =$$

$$= \frac{\left\{ \dfrac{f(x)\,g(x) + g(x)\,d_f - f(x)\,g(x) - f(x)\,d_g}{\left(g(x)+d_g\right)g(x)} \right\}}{dx} =$$

$$= \frac{\left\{ \dfrac{g(x)\,d_f - f(x)\,d_g}{g(x)\,g(x)} \right\}}{dx} = \frac{1}{g(x)^2} \frac{g(x)\,d_f - f(x)\,d_g}{dx} =$$

$$= \frac{1}{g(x)^2}\left[g(x)\frac{d_f}{dx} - f(x)\frac{d_g}{dx} \right]$$

c'est-à-dire

$$y'(x) = [\, g(x) * f'(x) - f(x) * g'(x)\,] / g(x)^2$$

et, comme cas spécial, étant donné que la dérivée d'une constante est zéro:

✿   *division pour une constante:*

si $y(x) = f(x) / c$ alors

$$y'(x) \;=\; c * f'(x) / c^2 \;=\; f'(x) / c$$

finalement, pour une fonction de fonction, nous aurons:

✿   *fonction composée:*

si $y(x) = f[\,g(x)\,]$ alors

$$y'(x) = \frac{dy(x)}{dx} = \frac{dy(x)}{dg(x)}\frac{dg(x)}{dx} = \frac{df\big[g(x)\big]}{dg(x)}\frac{dg(x)}{dx}$$

c'est-à-dire

$$y'(x) \;=\; f'(x)_{dg(x)} \; * \; g'(x)_{dx}$$

et, dans le cas de fonctions de fonctions, en chaîne

$$y(x) = f \left\{ g \left[h(x) \right] \right\}$$

$$\mathbf{y'(x)} \ = \ \mathbf{f\,'(x)}_{\mathbf{dg[h(x)]}} \ * \ \mathbf{g'(x)}_{\mathbf{h(x)}} \ * \ \mathbf{h'(x)}_{\mathbf{dx}}$$

FONCTIONS INVERSES

U n cas spécial de règles de dérivation est le relatif aux fonctions inverses, c'est-à-dire dans le cas on ait $y = f(x)$ en correspondance exacte de $x = f^{-1}(y)$.

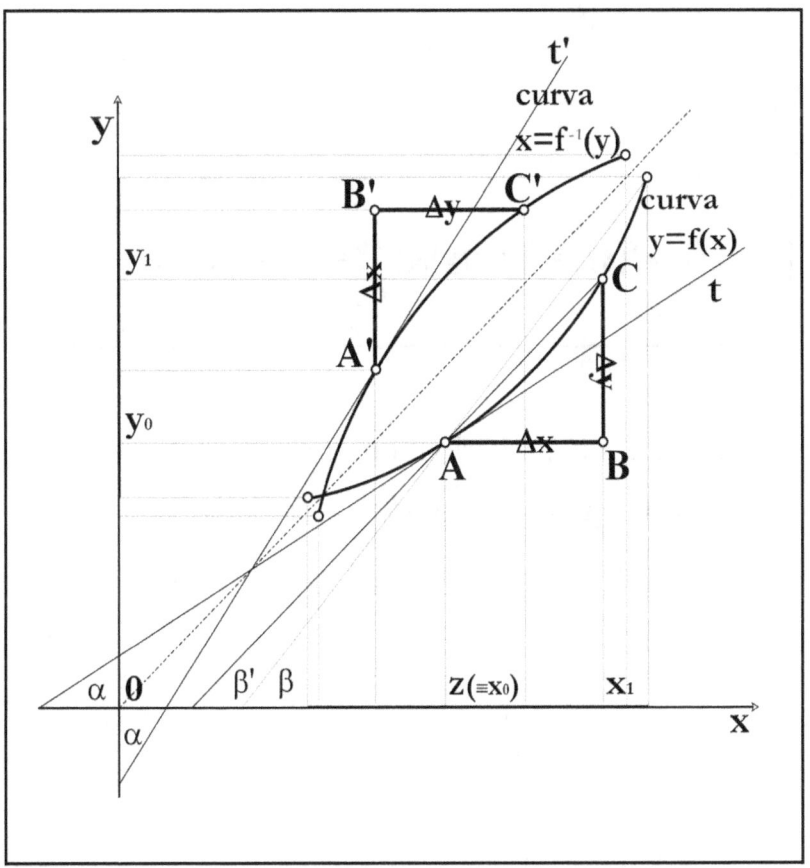

Il est évident qu'ils résulteront échangé les accroissements Δx et Δy, comme aussi les différentiels
linéaires dx   et dy, et nous aurons par conséquence

$$y'(x) = \frac{dy(x)}{dx} = \frac{1}{\dfrac{dx}{dy(x)}} = \frac{1}{x'(y)}$$

avec $x(y) = f^{-1}(y)$

ou

$$\boxed{\; y'(x) \;=\; [\, x\, '(y)_{dy}]^{-1} \;=\; 1/\, f^{-1}{}'(y)_{dy} \;}$$

Par la règle de la dérivation d'une fonction inverse
nous tirerons quelques-unes d'autres dérivées.

✿ $f(x) = a^x$,   ✿ $f(x) = e^x$

En appliquant la règle de la dérivation d'une fonction inverse, que dans ce cas il est $x = \ln_a(y)$, nous obtenons

$$f'(x) \;=\; [x'(y)_{dy}]^{-1} \;=\; 1/f^{-1}{}'(y)_{dy} \;=$$

$$= \; 1 \,/\, [\, dx \,/\, d\, y(x)\,] \;=\; 1/[d\,\ln_a(y)/dy] =$$

$$= 1/[(1/y)\,\ln_a(e)] = y\,\ln_e(a) = a^x\,\ln_e(a)$$

c'est-à-dire

$$\mathbf{d\, a^x/dx \;=\; a^x\,\ln_e(a)} \qquad \text{et dans le cas soit } \; a = e:$$

$$\mathbf{d\, e^x/dx \;=\; e^x}$$

✲   **f(x) = asin(x)**

En appliquant la règle de la dérivation d'une fonction inverse, que dans ce cas il est   x = sin(y),   nous obtenons

$$\text{f}\,'(\text{x}) \;=\; [\text{x}\,'(\text{y})_{dy}]^{-1} \;=\; 1/\text{f}^{-1}{}'(\text{y})_{dy} \;=$$

$$=\; 1/[\text{d}\,\sin(\text{y})/\text{dy}] = 1/\cos(\text{y}) =$$

$$=\; 1/(1 - \sin^2(\text{y}))^{1/2} = 1/(1 - \text{x}^2)^{1/2}$$

c'est-à-dire

$$y' = \frac{d[a\sin(x)]}{dx} = \frac{1}{\sqrt{1-x^2}},$$

$$vel = s'(t) = \frac{1}{\sqrt{1-t^2}}$$

✿   **f(x) = acos(x)**

En appliquant la règle de la dérivation d'une fonction inverse, que dans ce cas il est $x = \cos(y)$, nous obtenons

$$f'(x) = [x'(y)_{dy}]^{-1} = 1/f^{-1}{}'(y)_{dy} =$$

$$= 1/[d\cos(y)/dy] = -1/\sin(y) =$$

$$= -1/(1-\cos^2(y))^{1/2} = -1/(1-x^2)^{1/2}$$

c'est-à-dire

$$y' = \frac{d[a\cos(x)]}{dx} = -\frac{1}{\sqrt{1-x^2}},$$

$$vel = s'(t) = -\frac{1}{\sqrt{1-t^2}}$$

✿   **f(x) = atan(x)**

En appliquant la règle de la dérivation d'une fonction inverse, que dans ce cas il est $x = \tan(y)$, nous obtenons

$$f'(x) \;=\; [x'(y)_{dy}]^{-1} \;=\; 1/f^{-1\prime}(y)_{dy} \;=$$

$$=\; 1/[d\,\tan(y)/dy] \;=\; 1/\sec^2(y) = \cos^2(y)$$

$$=\; 1/(1+\tan^2(y)) \;=\; 1/(1+x^2)$$

c'est-à-dire

$$y' = \frac{d[a\tan(x)]}{dx} = \frac{1}{1+x^2},$$

$$vel = s'(t) = \frac{1}{1+t^2}$$

✡ f(x) = asinh(x)

En appliquant la règle de la dérivation d'une fonction inverse, que dans ce cas il est x = sinh(y), nous obtenons

$$f'(x) = [x'(y)_{dy}]^{-1} = 1/f^{-1}{}'(y)_{dy} =$$

$$= 1/[d\ \sinh(y)/dy] = 1/\cosh(y) =$$

$$= 1/(1+ \sinh^2(y))^{1/2} = 1/(1+ x^2)^{1/2}$$

c'est-à-dire

$$y' = \frac{d[a\sinh(x)]}{dx} = \frac{1}{\sqrt{1+x^2}},$$

$$vel = s'(t) = \frac{1}{\sqrt{1+t^2}}$$

✿   **f(x) = acosh(x)**

En appliquant la règle de la dérivation d'une fonction inverse, que dans ce cas il est x = cosh(y), nous obtenons

$$f'(x) = [x'(y)_{dy}]^{-1} = 1/f^{-1'}(y)_{dy} =$$

$$= 1/[d\cosh(y)/dy] = 1/\sinh(y) =$$

$$= \pm 1/(\cosh^2(y) - 1)^{1/2} = \pm 1/(x^2 - 1)^{1/2}$$

c'est-à-dire

$$y' = \frac{d[a\cosh(x)]}{dx} = \pm \frac{1}{\sqrt{x^2 - 1}},$$

$$vel = s'(t) = \pm \frac{1}{\sqrt{t^2 - 1}}$$

✿   **f(x) = atanh(x)**

En appliquant la règle de la dérivation d'une fonction inverse, que dans ce cas il est   x = tanh(y),   nous obtenons

$$f'(x) = [x'(y)_{dy}]^{-1} = 1/f^{-1}{}'(y)_{dy} =$$

$$= 1/[d\,\tanh(y)/dy] = 1/\operatorname{sech}^2(y) = \cosh^2(y) =$$

$$= 1/(1 - \tan^2(y)) = 1/(1 - x^2)$$

c'est-à-dire

$$y' = \frac{d[a\tanh(x)]}{dx} = \frac{1}{1-x^2},$$

$$vel = s'(t) = \frac{1}{1-t^2}.$$

LE CALCUL
INFINITÉSIMAL

L eibniz affirmait que l'on ne devrait pas sous-
estimer trop les résultats atteints dans l'antiquité:
"en comprenant Archimède et Apollonios, l'on
admirera moins les résultats successivement atteints
par les mathématiciens les plus éminents".

Et en effets l'on sait, par exemple, qu'Apollonios
devait être capable de déterminer une conique par cinq
points, mais il en ne parle pas dans les siennes
Coniques.

Puis ce sera un sujet important en les *Principia* de Newton.

Il est possible cependant qu'Apollonios en parlât dans le Livre VIII allé perdu, comme il avait génériquement anticipé dans la préface au Livre VII. Malheureusement, grâce à chrétiens et Ottomans, c'est-à-dire aux plus importants monothésmes, une grande partie des mathématiques anciennes est perdue.

En ce qui concerne le problème séculaire des quantités infinitésimales, une trace très ancienne remonte à l'Euclide; il s'agit, dans le Livre III de ses célèbres *Éléments*, de la **Proposition 16**: *La droite tracée à l'angle droit au bout du diamètre d'un cercle, tombera à l'extérieur du cercle, et dans l'espace entre la ligne et la circonférence aucune autre droite ne peut être interposée; en outre l'angle du demi-cercle est plus grand, et l'angle restant plus petit, que chaque angle rectiligne aigu.*

Pour la première fois il est pris en considération un angle pas rectiligne: l'*"angle de contingence"*, qu'Euclide ne considère pas explicitement nul mais "*plus petit de chaque angle rectiligne aigu*" il a un côté curviligne en étant un arc de circonférence.

Pour sa forme caractéristique les Grecs l'ont appelé "**angle corniculaire**".

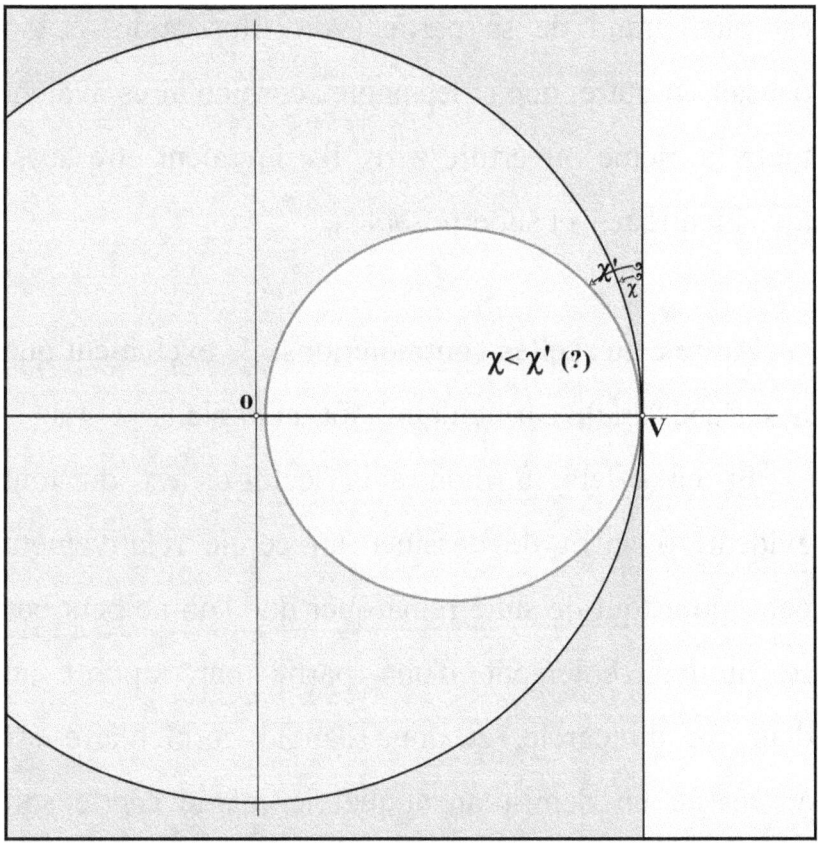

Il a y eu déjà classiquement attention sur ce particulier angle, et Proclos en parle comme d'un angle véritable. Son ampleur devint une question qui a été discutée dans le tardif Moyen-Âge et dans la Renaissance aussi.

Ils s'en occupèrent Cardan, Peletier, Désuete, Galilée, Wallis et autres, qu'ils restaient perplexes pour le fait qui en traçant un cercle plus petit l'amplitude de l'angle corniculaire devrait augmenter, pour le fait qui le tout est plus grand de sa partie (voir illustration). L'on pensait en outre, que si les angles corniculaires avaient toute la même ouverture zéro, ils devraient être aussi tous identiques et superposables.

Autres, aux telles contradictions, ils excluaient que la surface "angle corniculaire" fût un angle.

Et en effets, à mon avis, celui-ci est du tout évident: il suffit de dessiner un cercle relativement petit, pour tout de suite remarquer que l'on ne peut pas se limiter seulement d'une partie par rapport au diamètre du cercle, et donc l'angle corniculaire est en réalité un demi-plan auquel le même cercle soit "découpé".

On peut présumer qu'une fonctionnalité des angles corniculaires soit qu'ils présentent une certaine "invariance d'échelle", et que de ce point de vue tous les angles corniculaires soient similaires parmi eux. D'autre partie, le rapport entre la surface d'un demi-plan et celle d'un cercle de rayon fini est un rapport du type infini/fini, indifférent à la particulière valeur finie de la surface du cercle.

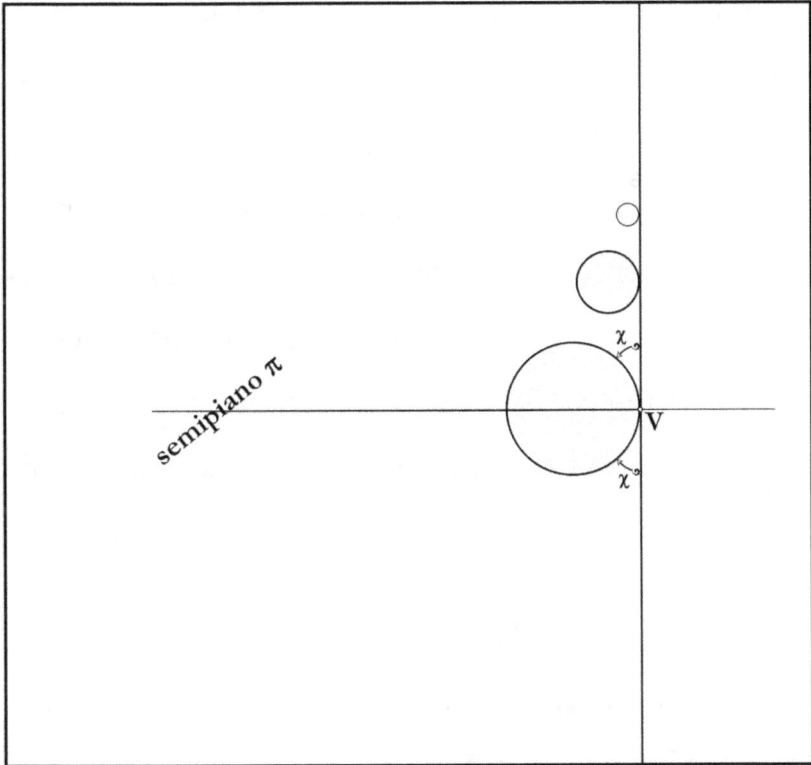

Une autre considération qui dépasse les méthodologies classiques elle peut être exprimée en les rapportant à l'Analyse Non-Standard introduit par Abraham Robinson (1919-1974) qu'il donna un adéquat statut logique aux valeurs infinitésimales de Leibniz en utilisant des techniques sophistiquées de la théorie des modèles. Sur chaque droite qui délimites un demi-plan, ou sur chaque courbe régulière (avec dérivée continue) qui délimites une zone du plan, l'on peut imaginer qu'insistent infinis cercles de rayon infinitésimal chacun avec ses angles corniculaires; ou mieux le demi-plan ou la surface pourraient être délimités plutôt que par des points, par infinis cercles de rayon infinitésimal, chacun pratiquement indiscernable d'un point géométrique. Les mêmes lignes courbes ou rectilignes peuvent être pensées comme lieux géométriques composés indifféremment par infinis points ou par infinis cercles au rayon infinitésimal…

Omettons ces "ésotérismes". Ayant obtenu ici directement et avec précision la dérivée, en opérant les substitutions appropriées, il ne faut plus faire référence à l'Analyse Non-Standard pour affronter le problème des valeurs infinitésimales, au moins en domaine élémentaire. Actuellement nous, que nous avons la chance de profiter du calcul infinitésimal, et nous avons familiarité avec des méthodes qui utilisent le taux d'accroissement ainsi appelé et avec la corde qui tend à approcher la tangente à un point spécifique d'un arc curviligne, nous devrions remarquer tout de suite qu'Euclide avec sa Proposition 16 a rencontré les quantités infinitésimales, et les a traitées avec correction et grande maîtrise.

Le tout devient encore plus évident s'il se considère l'illustration suivante, où un point B se meut le long

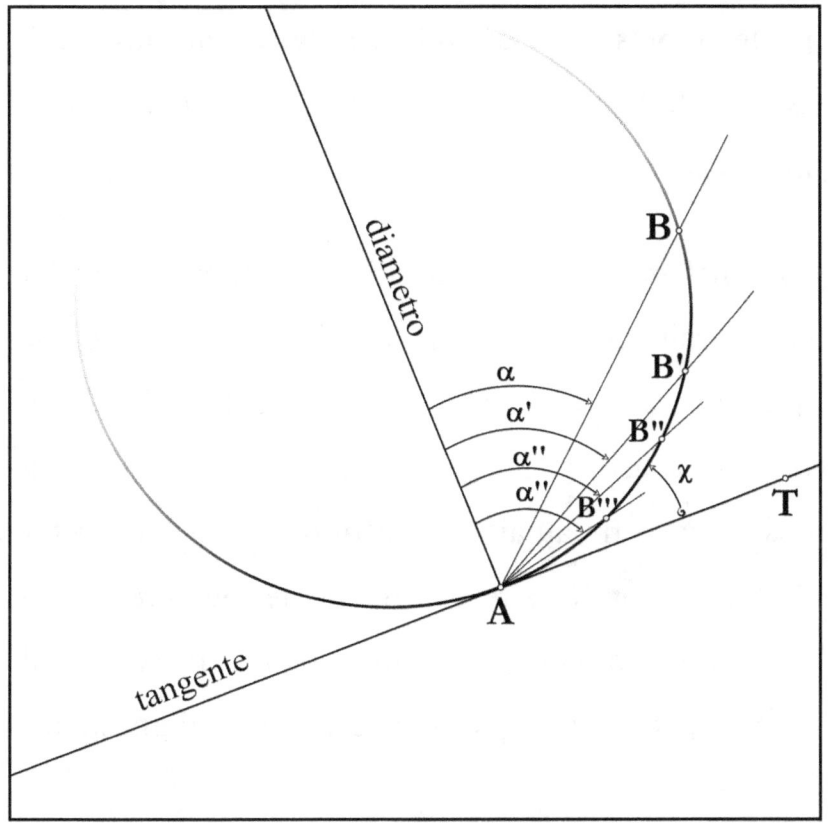

de l'arc qui délimite l'angle cornniculaire, en passant pour B', B "..., en s'approchant du point A que c'est son sommet.

En unissant les points B, B', B "... avec le sommet A ils les obtiennent des cordes qui petit à petit s'approchent de la tangente AT. Pendant que les angles aigus entre les cordes et le diamètre tendent à devenir un angle droit, sans jamais l'atteindre, l'ampleur des angles aigus entre les cordes et la tangente devient petite de plus en plus. Tout ceci doit avoir vu Euclide, et ce n'est pas très éloigné du coeur du calcul infinitésimal.

Finalement il est considérable comme Euclide, au contraire de Leibniz que pour long temps il a cru les quantités infinitésimales extrêmement petites mais finies et constantes, il ne soit pas tombé en quelques-uns faute. Il aurait pu affirmer que l'ouverture de l'angle corniculaire est très petite, ou zéro; il s'est par contre abstenu, en se limitant à affirmer qu'elle est plus petite qu'un quelconque angle rectiligne aigu.

Quelque chose est naturellement resté en suspendu, comme quelque chose reste nécessairement en suspendu avec la conception la plus récente de quantité infinitésimale: elle est absurde d'une façon ou d'une autre, car une limite inférieure aux numéros infiniment petits n'existe pas, au moins dans les champs Archimedeans. Pour l'analyse standard les valeurs infinitésimales seraient des dissimulations utiles seulement.

Il se considère en général que Weierstrass ait dépassé le problème des valeurs infinitésimales en bridant la convergence des valeurs des fonctions avec sa méthode de la limite double (théorie statique de la variable). En réalité je crois que la limite double masque seulement les valeurs infinitésimales, comme je l'ai déjà dit à la page 12.

Le même Weierstrass a présenté des exemples de fonctions continues qui n'admettent pas dérivée en pas un de leurs points, et on est arrivé au point à conclure que la classe des fonctions continues est considérablement plus ample que le dérivables.

Enfin, vous pouvez faire référence à certaines fonctions relativement simples.

Par exemple:

$$y = \begin{cases} x \sin\left(\dfrac{1}{x}\right) & pour\ x \neq 0 \\[2mm] 0 & pour\ x = 0 \end{cases}$$

que dans son point (0,0) n'admet pas de dérivée, aussi en étant du tout possible la confiner indéfiniment à l'intérieur des voisinages ε et δ petits à plaire, donc vraiment avec la méthode de la limite double de Weierstrass. Il suit le graphique et le particulier

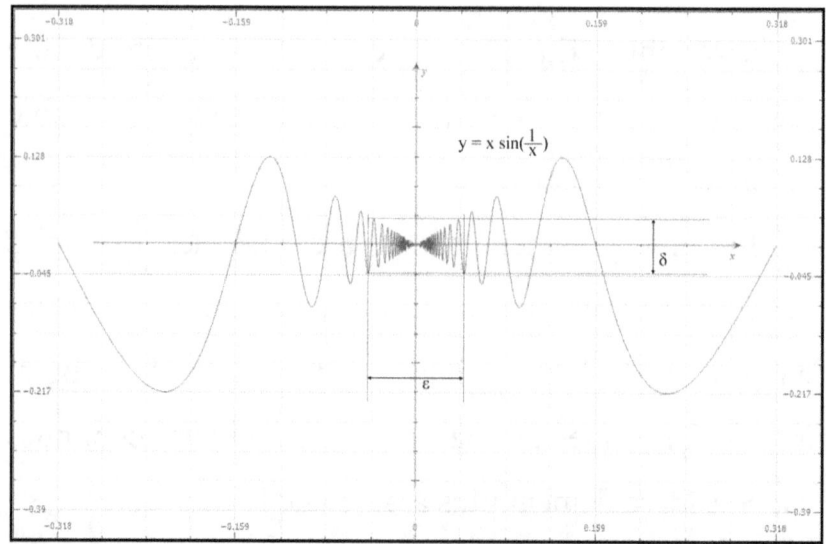

avec les voisinages ε et δ.

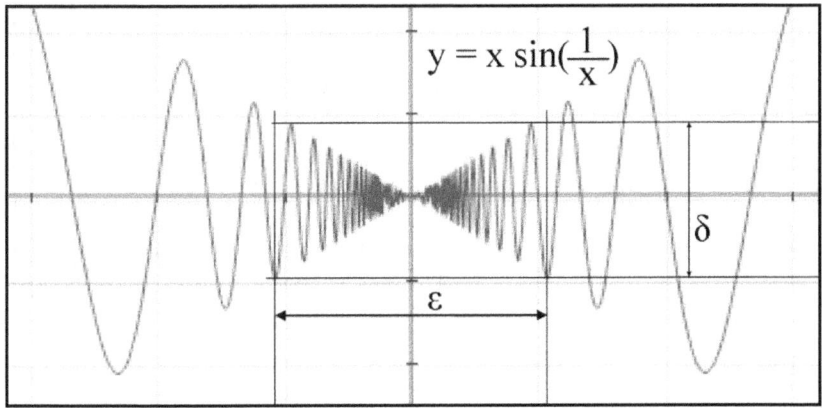

En autres mots, la limite double de Weierstrass ne garantit pas ni l'existence du point de la fonction autour à qui "se serrent" les voisinages infinitésimaux ε et δ, ni l'existence de la dérivée dans ce point.

Et cela vaut soit pour fonctions banales comme $y = |x|$, soit pour les fonctions spéciales introduites par le même Weiertrass qu'aussi continues ils ne sont pas dérivables partout en aucun point.

Un exemple est

$$y = -\sum_{n=0}^{7} \left(\frac{2}{3}\right)^{n} \sin(2^{n}x)$$

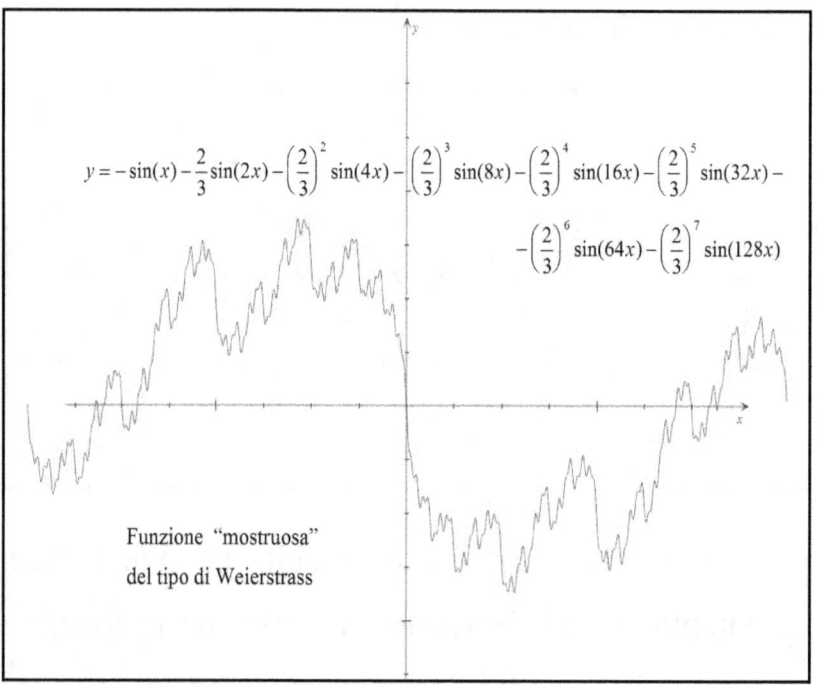

$$y = -\sin(x) - \frac{2}{3}\sin(2x) - \left(\frac{2}{3}\right)^2 \sin(4x) - \left(\frac{2}{3}\right)^3 \sin(8x) - \left(\frac{2}{3}\right)^4 \sin(16x) - \left(\frac{2}{3}\right)^5 \sin(32x) -$$

$$-\left(\frac{2}{3}\right)^6 \sin(64x) - \left(\frac{2}{3}\right)^7 \sin(128x)$$

Funzione "mostruosa"
del tipo di Weierstrass

C'est-à-dire:

$$y = -\sin(x) - \frac{2}{3}\sin(2x) - \left(\frac{2}{3}\right)^2 \sin(4x) -$$

$$-\left(\frac{2}{3}\right)^3 \sin(8x) - \left(\frac{2}{3}\right)^4 \sin(16x) - \left(\frac{2}{3}\right)^5 \sin(32x) -$$

$$-\left(\frac{2}{3}\right)^6 \sin(64x) - \left(\frac{2}{3}\right)^7 \sin(128x)$$

que, en continuant pour $n \to \infty$, c'est-à-dire

$$y = -\sum_{n=0}^{\infty} \left(\frac{2}{3}\right)^n \sin(2^n x)$$

elle devient infiniment dentelée à chaque escalier et agrandissement, beaucoup qui vient cataloguée parmi les fractals.

Ensuite, bien que continue, elle n'est pas crue dérivable en aucun de ses points. Nous verrons toutefois qu'il n'est pas si exactement, en un de mes prochains travaux.

Cependant, il ne faut pas penser que ce type de fonctions elles soient si irrémédiablement étranges et ésotériques, même si couramment elles sont définies comme "monstrueuses".

Il suffit de penser qu'aussi la fonction bien normale et lisse $y = \sin(x)$ peut être écrite et graphiquement représentée dans la forme de son développement de Taylor en série de puissances.

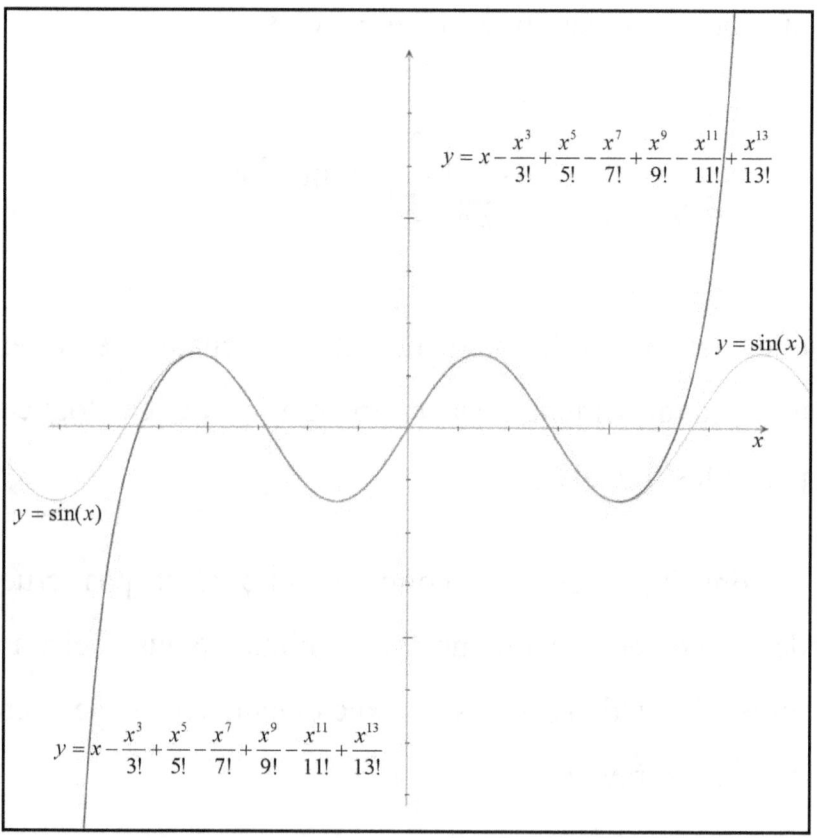

Dans le graphique ici sur, elles sont comparées la fonction sinus et son développement coupé aux seuls 7 termes: l'on peut aisément deviner comme le développement "monstrueux" avec tous ses termes infinis il simplement coïncidera avec la fonction sinus.

$$y = \sin(x) = x - \frac{x^3}{3!} + \frac{x^5}{5!} - \frac{x^7}{7!} + \frac{x^9}{9!} - \frac{x^{11}}{11!} + \frac{x^{13}}{13!} - \frac{x^{15}}{15!} + \dots$$

En concluant, il est opportun d'éviter le plus possible les floues parties infinitesimales, qu'elles portent aux contradictions logiques et elles ne réussissent pas à être satisfaisantes dans les exemples pratiques.

L'idée de limite introduite par Cauchy elle résulte naturellement beaucoup de profit. Comme l'analyse des relations entre x, sin(x) et tan(x), pour petites valeurs du x variable, en réussissant à contrôler sin(x)/x et tan(x)/x.

Et l'idée de limite n'est pas certainement surmontable. Il suffit de penser qu'elle est même utilisée pour définir la valeur d'une constante très importante comme le numéro d'Eulero *e*.

Ce qu'il compte dans le calcul infinitésimal – on ne peut pas faire maintenant à moins de l'appeler ainsi – il n'est pas d'éviter d'impliquer les limites à tout prix: il n'y a pas le motif. Il est important de ne pas utiliser l'idée de limite, et ensuite ce des valeurs infinitésimals, directement dans le propre mécanisme de la dérivation; par exemple en opérant les substitutions opportunes

qu'ils font ***coïncider exactement*** le point B avec
le point A, sans que l'on doive par contre indéfiniment
approcher, en restant englués dans les considérations
sur les distances infinitésimales.

Je crois avoir réussi.

Pinerolo (TO) – Octobre 2007

index analytique

Série *"les mathématiques"*

1 – Calcul sans limites

ils suivront

– **Fonctions, limites et continuité**

– **Trois articles annoncent un mystère**

– **Le mystère du cinquième postulat**

– **Transformations complexes,**
   Ovales polynomiaux et Polynômes

– **Cercles, hyper-cercles et coniques dans le plan complexe**

– **Équations différentielles**

annotazioni

www.ingramcontent.com/pod-product-compliance
Lightning Source LLC
Chambersburg PA
CBHW071236170526
45165CB00003B/1120